Beeke Kühnapfel

Fragen zu einer Sachsituation entwickeln und mit mathematischer Modellierung beantworten

Unterrichtsentwurf für eine Lehrprobe im Fach Mathematik Jahrgang 7

GRIN Verlag

Bibliografische Information der Deutschen Nationalbibliothek:

Die Deutsche Bibliothek verzeichnet diese Publikation in der Deutschen National-
bibliografie; detaillierte bibliografische Daten sind im Internet über http://dnb.d-
nb.de/ abrufbar.

Impressum:

Copyright © 2010 GRIN Verlag GmbH
Druck und Bindung: Books on Demand GmbH, Norderstedt Germany
ISBN: 978-3-656-05573-0

Dieses Buch bei GRIN:

http://www.grin.com/de/e-book/178956/fragen-zu-einer-sachsituation-entwickeln-
und-mit-mathematischer-modellierung

GRIN - Your knowledge has value

Der GRIN Verlag publiziert seit 1998 wissenschaftliche Arbeiten von Studenten, Hochschullehrern und anderen Akademikern als eBook und gedrucktes Buch. Die Verlagswebsite www.grin.com ist die ideale Plattform zur Veröffentlichung von Hausarbeiten, Abschlussarbeiten, wissenschaftlichen Aufsätzen, Dissertationen und Fachbüchern.

Besuchen Sie uns im Internet:

http://www.grin.com/

http://www.facebook.com/grincom

http://www.twitter.com/grin_com

Fach:	Klasse:
Mathematik	Jahrgang 7 an der Stadtteilschule

Unterrichtsentwurf für die Lehrprobe

im Fach Mathematik

Thema der Stunde:
Fragen zu einer Sachsituation entwickeln und
mit mathematischer Modellierung beantworten

Thema der Einheit:
Proportionale Zuordnungen und Dreisatz

1. Angaben zur Lerngruppe / Klassensituation

Die Klasse X der Gesamtschule X besuchen X Kinder, darunter X Jungen und X Mädchen. Es handelt sich um einen sehr lebendigen Kurs mit Binnendifferenzierung, etwa ein Fünftel der Schüler/innen arbeitet auf erhöhtem Niveau.

Auffällig ist X, der in einer Pflegefamilie lebt und um Aufmerksamkeit innerhalb der Klasse kämpft. Er benötigt häufig persönliche Aufforderungen, damit er sich mit unterrichtsrelevanten Inhalten beschäftigt und Störungen einstellt. Er zeigt ein sehr impulsives Verhalten und reagiert auf Ermahnungen oft mit Aggressivität oder auch völliger Resignation und Arbeitsverweigerung. Um eine negative Auswirkung auf das Unterrichtsgeschehen und die Arbeitsprozesse innerhalb der gesamten Lerngruppe zu verhindern, werden Maßregelungen möglichst begrenzt eingesetzt. Mit positiver Verstärkung wurden hingegen gute Erfahrungen gemacht.

2. Thema der Unterrichtseinheit und der Stunde

Der Rahmenplan Mathematik[1] sieht für den Jahrgang 7 der Gesamtschule die Behandlung des Dreisatzes als Teil des Kompetenzbereichs „Idee des funktionalen Zusammenhangs" vor. Nach der Förderung der Grundvorstellung von Zuordnungen mithilfe qualitativer und später auch quantitativer Untersuchungen von Graphen, Daten und Tabellen wurde schließlich das Berechnungsschema des proportionalen Dreisatzes eingeführt. Die Lernsituationen wurden an der Lebenswelt der Schüler/innen orientiert: Die Frage „Welcher Supermarkt ist der günstigste?" war beispielsweise Anlass zum Vergleich von Lebensmittelpreisen in Werbeprospekten. In der geplanten Stunde erhalten die Schüler/innen die Möglichkeit, ihr bisher erlerntes mathematisches Werkzeug auf eine Sachsituation anzuwenden. Hierzu entwickeln sie Fragen zu einem Bild vom größten Schuh der Welt, die sie mathematisch zu lösen versuchen. Im Vordergrund steht hierbei das Erfassen der Realsituation und die Planung und Durchführung der notwendigen mathematischen Tätigkeiten, sowie die Kommunikation und Reflexion über die Problemlösung.

3. Einbettung der Stunde in die Gesamtplanung

Der Einstieg in den Themenschwerpunkt erfolgte über die qualitative Untersuchung von verschiedenen Graphen aus der Realität, zu denen die Schüler/innen einen individuell-kreativen Zugang erfuhren, indem sie eine Geschichte zu dem von ihnen gewählten Schaubild verfassten. Hier zeigte sich bereits, dass die Vorerfahrungen der Schüler/innen stark differierten: Einige Kinder verfügten über ein intuitives Verständnis von steigenden, fallenden und stagnierenden Graphenverläufen und hatten keine Schwierigkeiten, Graphen zu realen Problemen zu interpretieren. Andere Kinder mussten sich diese Kompetenzen erst erarbeiten. Die vertiefende Behandlung des Zuordnungsgedankens erfolgte über handlungsorientierte Verfahren (unter anderem das „Graphen gehen"), um den Schüler/innen einen Zugang zum Thema zu erleichtern. Insgesamt wurde für diesen Teil der Unterrichtsreihe viel Zeit investiert, um die mathematischen Grundvorstellungen der Schüler/innen ausreichend zu fördern, bevor mathematische Fachbegriffe und Werkzeuge erlernt werden.

Zur Einführung des Proportionalitätsbegriffs stand die Frage „Je mehr desto mehr?" im Fokus, die an unterschiedlichen Bildern von konkreten Realsituationen überprüft wurde (wie etwa der Zusammenhang zwischen dem Gießen einer Pflanze und ihrem Wachstum). Dies fiel vielen Lernenden leicht, die Überprüfung der Existenz von Proportionalität eines Datensatzes in Form einer Wertetabelle oder eines Graphen verdeutlichte erneut die unterschiedlichen Lernvoraussetzungen der Lerngruppe: Ein kleiner Teil verfügte über

---

[1] Freie und Hansestadt Hamburg (2007): „Rahmenplan Mathematik - Bildungsplan Integrierte Gesamtschule - Sekundarstufe 1", S. 23. Abrufbar unter: http://www.hamburger-bildungsserver.de/bildungsplaene/Sek-I_GS/MATHE_GS_Sekl.pdf
[überarbeitete Fassung von 02/2007. Abrufdatum: 08.01.2010]

Vorkenntnisse zu proportionalen Zuordnungen aus der Grundschule und war bereits vor der Einführung des Dreisatzschemas in der Lage, Zuordnungen auf Proportionalität hin zu untersuchen, bei denen die Eingabe- werte nicht ganzzahlige Vielfache voneinander sind. Nach dieser qualitativen Auseinandersetzung mit pro- portionalen Zuordnungen wurde das Schema des Dreisatzes von den Schüler/innen in Kleingruppen eigen- ständig erarbeitet und geübt. Einer Übungsstunde, in der die Schüler/innen ihre in der Unterrichtseinheit erlernten Kompetenzen mit Hilfe einer Checkliste überprüfen und verbessern konnten, schloss sich eine Leistungsüberprüfung an. In der Stunde vor der Lehrprobe wurde die Klassenarbeit besprochen.

In einer offenen Aufgabe sollen die Schüler/innen nun nicht nur auf ihr in der Unterrichtseinheit erworbe- nes fachmathematisches Wissen zurückgreifen, sondern auch Kompetenzen ausbauen, die auf beliebige ma- thematische Inhalte übertragbar sind. Die Aufgabe, die mathematische Modellierung[2] erfordert, wird erst nach der Leistungsüberprüfung gestellt, um eine Verunsicherung der Schüler/innen zu verhindern. Zwar werden die Schüler/innen langsam an derartig offene Aufgaben herangeführt, jedoch fehlt ihnen noch die Routine, um eigene Fehler auf dem Weg zum Ziel zu akzeptieren und frei von Befürchtungen zu arbeiten, nicht oder nicht schnell genug die „richtige Lösung" zu finden. Sehr wahrscheinlich wird die Beantwortung der selbstgestellten Fragen aus Zeitgründen nicht in der Einzelstunde abgeschlossen. In der folgenden Stun- de erhalten die Schüler/innen die Möglichkeit, an der Aufgabe weiterzuarbeiten, die Arbeitsergebnisse zu präsentieren und die Gruppenarbeit zu reflektieren. Die Behandlung der Antiproportionalität bildet den Ab- schluss der Einheit. In der nächsten Unterrichtseinheit wird ein weiteres Handwerkszeug, das für die Schü- ler/innen in der Realität hilfreich ist, erarbeitet: Die Prozentrechnung.

4. Begründung der didaktischen Entscheidungen

4.1 Sachanalytische Hinweise

Als Einstieg in die Stunde dient ein Foto des derzeitig größten Schuhs der Welt. Ausgehend von dieser rea- len Sachsituation entwickeln die Schüler/innen mathematische Fragen. Hier sind sämtliche Fragen von „Wie viel wiegt der Schuh?" bis „Wie viel Material war zur Herstellung nötig?" denkbar, vermutlich werden jedoch größtenteils Fragen genannt, die die Größe des Schuhs betreffen, wie etwa: „Wie lang ist der Schuh?", „Welcher Schuhgröße entspricht der Schuh?", „Wie groß müsste eine Person sein, der dieser Schuh passt?". Die Beantwortung dieser Fragen werde ich hier exemplarisch vorstellen, wenngleich den Schüler/innen Raum gegeben werden soll, sich mit anderen Fragen auseinanderzusetzen.

Um herauszufinden, wie lang der Schuh in Wirklichkeit ist, benötigt man einen Maßstab, da lediglich die Länge des Schuhs auf dem Bild gemessen werden kann, nicht aber die Größe in der Realität. Hierfür wird eine Bezugsgröße im Bild gewählt, von der die Länge relativ genau geschätzt werden kann. In diesem Fall ist der Mann ganz rechts im Bild als Bezugsgröße geeignet. Nun ist es erforderlich, eine Annahme über die Größe des Mannes zu treffen, die man mit Hilfe eigener Erfahrungen aus dem Alltag stützen kann. Nimmt man an, dass ein erwachsener Mann im Schnitt etwa 1,85m groß ist, so kann man nun das Verhältnis des Mannes auf dem Bild zum Riesenschuh bestimmen: Der Schuh ist etwa 3,5mal so lang wie der Mann groß ist. Damit folgt für die Länge des Schuhs x = 1,85m · 3,5 ≈ 6,5m. Hierbei handelt es sich um eine grobe Ab- schätzung, die von den Schüler/innen durch Einzeichnen der Länge des Mannes mit relativ wenig Rechen- aufwand vorgenommen werden kann. Eine etwas genauere Alternative bietet die Berechnung mittels Drei- satz. Hierzu werden die Längen des Mannes und die Länge des Schuhs auf dem Bild zunächst gemessen und dann mit der angenommenen Größe des Mannes ins Verhältnis gesetzt. Entspricht die Länge des abgebilde- ten Mannes von etwa 4cm in der Realität einer Körpergröße von 185cm, so entspricht 1cm auf dem Bild

---

[2] vgl. Blum, Werner; Leiß, Dominik (2005): Modellieren im Unterricht mit der "Tanken"-Aufgabe. In: mathematik lehren. Heft 128. S. 19. Der von Blum/Leiß dargestellte Modellierungskreislauf sieht neben der Erfassung der realen Situation ihre Idealisierung und Übertragung in mathematische Strukturen vor. Das entstandene mathematische Modell kann dann bearbeitet werden, die Lösung muss schließlich auf die reale Situation angewendet und validiert werden.

etwa 46cm (185:4) in der Realität. Der Schuh, der auf dem Bild ca. 14,5cm lang ist, hat in der Realität eine Länge von 14,5 · 46 ≈ 670cm. Eine Schuhlänge von 6,70m ist also anzunehmen und erscheint nach obiger Abschätzung plausibel. Vernachlässigt wurde hierbei allerdings, dass der Mann rechts im Bild zum einen nicht gerade steht, zum anderen ist auch der Schuh nicht ganz im Profil zu sehen. Um dies zu berücksichtigen müsste ein noch komplexeres mathematisches Modell aufgestellt werden, welches für die Beantwortung von Schülerfragen jedoch nicht notwendig ist. Bedeutsamer als die exakte Lösung ist hier die Entwicklung einer angemessenen Größenvorstellung, also die plausible Beantwortung der Frage.

Die Abschätzung der Schuhgröße des Riesenschuhs kann nun mithilfe der ermittelten Schuhlänge erfolgen. Die europäischen Schuhgrößen werden nach dem Pariser Stich berechnet: Die Länge des Schuhs multipliziert mit 1,5 ergibt die Schuhgröße. Diese Information ist jedoch zur Berechnung nicht notwendig: Verwendet man zur Bestimmung der Schuhgröße den Dreisatz, so ist die Kenntnis einer einzigen Schuhgröße und der zugehörigen Schuhlänge ausreichend, da sich hieraus der Proportionalitätsfaktor 1,5 ergibt. Dies können die Schüler/innen durch Ausmessen ihrer Schuhe und Überprüfung der Schuhgröße herausfinden. Eine Schuhlänge von 24cm entspricht der Schuhgröße 36. Möchte man nun herausfinden, welcher Schuhgröße eine Schuhlänge von 6,70m entspricht, führt folgende Berechnung zur Lösung:

Schuhlänge in cm	europäische Schuhgröße
24	36
1	1,5
670	1005

: 24 ⟨ ... ⟩ : 24
· 670 ⟨ ... ⟩ · 670

Der Weltrekord-Schuh entspräche also einer Schuhgröße von etwa 1005. Die dritte Frage kann nach einem ähnlichen Schema bestimmt werden, wobei es keinen derartigen Proportionalitätsfaktor gibt, da vor Abschluss der Wachstumsphase kein proportionales Verhältnis zwischen Fußlänge und Körpergröße bestehen muss. Die eigenen Messungen der Schüler/innen sind also möglicherweise nicht ideal zur Bestimmung der Körperlänge der Person, die den Riesenschuh tragen könnte. Allerdings gilt auch hier, dass eine grobe Abschätzung mindestens genauso aufschlussreich ist und als Anhaltspunkt zur Größendimension ausreicht. Nimmt man als Grundlage eine Körpergröße von 1,60m bei einer Schuhgröße von 36 an, so erhält man für eine Schuhgröße von 1005 eine Körperhöhe von etwa 45m. Alternativ könnte auch die Fußlänge mit der Körpergröße ins Verhältnis gesetzt werden.

4.2 Didaktische Entscheidungen

Das Bild, das zu Beginn der Stunde vorgelegt wird, dient als Impuls zum Nachdenken über Mathematik in der Realität. Die Schüler/innen erhalten die Gelegenheit, zunächst ihre Gedanken zur Realsituation im Bild zu äußern und dann eigene mathematische Fragen zu entwickeln. So wird ein Problembewusstsein bei den Lernenden geschaffen, es erfolgt eine individuelle Annäherung an die Situation. Nach der unkommentierten Sammlung der Fragen werden diese auf die mathematische Lösbarkeit ohne das Hinzuziehen von weiteren Informationen überprüft und anschließend bezüglich der Schwierigkeit der Beantwortung klassifiziert. Diese Einstiegsphase erfordert viel Zeit, der Aufwand erscheint aber gerechtfertigt, da der Reiz, ein reales Problem mathematisch zu untersuchen, größer ist, wenn die Frage auch eine Frage des Lernenden ist, die nicht vorgegeben wird. Hieraus resultiert die Entscheidung, die Aufgabe offen zu gestalten, also weder eine Frage vorzugeben, noch den thematischen Bereich der Fragen einzuschränken. Zwar ließe sich hierdurch eine Vergleichbarkeit der Schülerergebnisse herstellen, jedoch sollen die Lernenden an dieser Stelle Raum erhalten, sich und ihr Können auszuprobieren. Nur im ungünstigsten Fall, wenn die Schüler/innen aus-

3

schließlich sehr komplexe Fragen aufstellen, werden weitere Fragen provoziert, die etwa die Länge des Schuhs betreffen. Dies erleichtert den Leistungsschwächeren den Einstieg und verhindert Frustrationen.

Die mathematische Auseinandersetzung mit selbst entwickelten Fragen berührt fachliche Kompetenzen aus dem Bereich der funktionalen Zusammenhänge: Die Schüler/innen setzten sich mit Zuordnungen und Dreisatz auseinander, Inhalten, die für die Lebenswelt der Lernenden bedeutungsvoll sind. Es gibt eine Vielzahl von offenen Aufgaben und Bildern, die die Untersuchung von Größenverhältnissen provozieren, die hier vorliegende Problemsituation bietet besonders große Möglichkeiten zur Differenzierung, da sie über die Berechnung der Originalgröße eines Gegenstand hinaus gehen kann. Sie eröffnet außerdem die Möglichkeit, sich mit einem alltäglichen Gegenstand auseinanderzusetzen, diesen haptisch zu untersuchen und führt nicht zu einer geschlechts-, herkunfts- oder interessenspezifischen Benachteiligung wie zum Beispiel die Untersuchung von Riesenfußbällen. Neben den Fachkompetenzen werden vor allem methodische und soziale Kompetenzen der Schüler/innen gefördert. Die Lernenden entnehmen Informationen aus einem Bild, entwickeln Fragen, kommunizieren und argumentieren. Die Beantwortung der ausgewählten Fragen erfordert Kompetenzen aus dem Bereich der mathematischen Modellierung, hier werden auch allgemeine mathematische Kompetenzen wie das Schätzen, Überschlagen, Messen und der Umgang mit Einheiten angesprochen. Außerdem erfahren die Schüler/innen bei der Bearbeitung innerhalb der Gruppe die Notwendigkeit der Kooperation. Die Kommunikation hat in der Gruppenarbeit eine ebenso große Bedeutung wie auch in der Präsentation im Plenum.

5. Ziele

1. Die Schüler/innen können mathematische Fragen zu einem realen Sachverhalt entwickeln und auf höherem Niveau Fragen hinsichtlich der mathematischen Lösbarkeit und der Schwierigkeit klassifizieren.[3]

2. Die Schüler/innen setzen sich mit der Beantwortung einer Frage auseinander, indem sie Ideen zur Berechnung entwickeln und diese durchführen. Von den leistungsschwächeren Schüler/innen ist zu erwarten, dass sie am Ende der Stunde eine einfache Frage ansatzweise beantworten können. Besonders leistungsstarke Schüler/innen entwickeln eine Strategie zur Beantwortung von Fragen, die komplexere Modellierungen erfordern.[4]

3. Die Schüler/innen beschreiben den Stand ihrer Bearbeitung, indem sie mindestens angeben, welche Teillösungen sie erarbeitet haben, auf höherem Niveau mitteilen, welche Arbeitsschritte erfolgt sind sowie welche folgen werden und im Idealfall ihre Arbeit kritisch reflektieren, indem sie Schwierigkeiten aufzeigen und anderen Schüler/innen Tipps zur Weiterarbeit geben.

6. Begründung der Methoden- und Medienauswahl

Das Bild des Weltrekord-Schuhs wird den Schüler/innen als Impuls über den Overhead-Projektor präsentiert. Dies erhöht die Aufmerksamkeit der Schüler/innen und eine Konzentration auf das Thema der Stunde. Nach einer kurzen Einstiegsphase im Plenum werden die Schüler/innen aufgefordert, in einer Einzelarbeit eine mathematische Frage zum Bild zu entwickeln. Diese Phase ermöglicht es auch den langsameren Schüler/innen über das Bild nachzudenken. Erst anschließend werden die Fragen unkommentiert an der Tafel gesammelt. Dieses Verfahren fällt den Schüler/innen zwar schwer, allerdings können so möglichst viele Ideen - auch die der leistungsschwächeren oder schüchternen Lernenden - einbezogen werden. Anschließend werden die Fragen gemeinsam auf mathematische Lösbarkeit untersucht und Fragen gestrichen, die nicht

---

[3] Diese Kompetenz ist Teil des Bereichs der Problemlösung und wird spätestens zum Ende des Jahrgangs 8 von den Schüler/innen erwartet. vgl. Freie und Hansestadt Hamburg (2007): Rahmenplan Mathematik. S. 41.
[4] vgl. S. 40.

mathematisch lösbar sind, wie etwa „Wo steht der Schuh?". Zuletzt werden die Fragen in Absprache mit den Schüler/innen bezüglich des Schwierigkeitsgrads klassifiziert, um die Auswahl einer Frage später zu erleichtern. Dieses Vorgehen erfordert von den Lernenden zwar einen Überblick über die notwendigen Arbeitsschritte, der an dieser Stelle noch nicht vorausgesetzt werden kann, die Identifikation von besonders schwierigen und eher einfachen Aufgaben kann jedoch von den Leistungsstärkeren erwartet werden. Auf eine dreiteilige Einteilung, wie sie den Schüler/innen aus dem Unterricht bekannt ist, sowie eine Einstufung aller Fragen wird an dieser Stelle verzichtet.

Im Anschluss erfolgt zunächst die individuelle Wahl einer Fragestellung unter Berücksichtigung der Selbsteinschätzung und eine kurze Erarbeitungsphase in Einzelarbeit. Dies bietet sich an, um den Schüler/innen die individuelle Auseinandersetzung mit der Fragestellung und einen effizienteren Einstieg in die Gruppenarbeit zu ermöglichen. Außerdem können Schüler/innen, die sich für eine Frage entschieden haben, bereits mit der Arbeit beginnen, ohne dass ein „Leerlauf" entsteht. Eine Gruppenarbeit ist bei derartig offenen Aufgaben angebracht: Der Austausch mit anderen Schüler/innen gibt dem Einzelnen Sicherheit, zudem dient die Gruppe als Ideenpool, die Lernenden können ihre Arbeitsschritte gemeinsam kontrollieren und schließlich motiviert das Gefühl, gemeinsam eine Lösung zu erarbeiten. Alternativ wäre auch Partnerarbeit denkbar, jedoch ist bei einer Klassenstärke von fast 30 Schüler/innen die zeitnahe Beratung von etwa 15 Partnerteams nahezu unmöglich. Hier müssten Hilfesysteme eingesetzt werden, wie zum Beispiel Hilfekärtchen, die in einer derartig offenen Aufgabe aber nicht ausreichend differenziert vorbereitet werden können. Die Einteilung in Kleingruppen von jeweils 3-4 Schüler/innen erfolgt auf Basis der in der Einzelarbeit gewählten Frage, also nach Interesse und aufgrund der vorherigen Klassifizierung der Aufgaben auch nach Leistungsanspruch. Dass sich die Schüler/innen einem angemessenen Leistungsniveau zuordnen, ist nicht gewährleistet. Einer Vorgabe des Schwierigkeitsgrads wird aber gerade aus diesem Grund die Chance vorgezogen, die Selbsteinschätzungskompetenzen der Schüler/innen zu verbessern, indem sie Erfahrungen sammeln und diese später reflektieren. In der Gruppe stellen sich die Lernenden zunächst ihre Ideen vor, anschließend wird die Frage gemeinsam bearbeitet. Bei Unklarheiten, die nicht innerhalb der Gruppe behoben werden können, wenden sich die Schüler/innen an die Lehrperson, die beim Herumgehen im Klassenraum die Arbeit in den Gruppen begleiten kann. Kurz vor dem Ende der Gruppenarbeit notieren die Lernenden ihre erfolgten und geplanten Arbeitsschritte auf einem Arbeitsblatt, das als Sicherung auch zur Weiterarbeit in der nächsten Stunde dient. Die Lernenden sind erfahrungsgemäß sehr engagiert bei der Gestaltung von Präsentationsmedien, hieraus resultiert jedoch der Nachteil, dass sehr viel Zeit in die Aufmachung investiert wird. Es wird daher in dieser Stunde auf die Gestaltung von Folien oder Plakaten verzichtet, dies erfolgt in der nächsten Stunde im Anschluss an die inhaltliche Arbeit.

Wie bereits angesprochen ist davon auszugehen, dass die meisten Gruppen in der Stunde keine vollständige Lösung der Fragen erarbeiten können. Es ist anzunehmen, dass Gruppen beispielsweise die Länge des Schuhs annäherungsweise bestimmt haben, die komplexeren Fragen können von den zügig arbeitenden Schüler/innen, die in dieser Klasse auch größtenteils die leistungsstärkeren Lernenden sind, noch angerissen werden. Die Schüler/innen, die ihre Frage bereits beantwortet haben, untersuchen eine weitere Frage. Als Abschluss ist eine Plenumsphase vorgesehen, in der der Bearbeitungsstand der Gruppen gemeinsam reflektiert wird. Hier werden einige Gruppen ihre Arbeit vorstellen und andere Gruppen besondere Erfahrungen und Schwierigkeiten ergänzen. So können Ideen für die Weiterarbeit ausgetauscht und Teillösungen überprüft werden, ohne die Konzentrationsfähigkeit durch eine lange Austauschphase negativ zu beeinflussen.

8. Verlaufsplanung

Unterrichtsphase	Funktion der Phase	Tätigkeiten in der Phase	Sozialform	Medien/Methode	Zeit
I) Einstieg	Problembewusstsein schaffen	Impuls durch Lehrperson Fragen entwickeln (kurze EA), sammeln und klassifizieren	Plenum, EA	Unterrichtsgespräch Folie, Tafel	10 min.
II) Erarbeitung I	individuelle Annäherung	Auswahl einer Frage und Ideenentwicklung	Einzelarbeit	Arbeitsblatt 1	5 min.
III) Erarbeitung II	kooperative Vertiefung	Teilaufgaben bearbeiten; schätzen, messen, berechnen usw.	Kleingruppe	Arbeitsblatt 2	20 min.
IV) Sicherung	Reflexion	Präsentation der Arbeitsergebnisse	Plenum	Unterrichtsgespräch Notizen der SuS	10 min.

6

Bild vom größten Schuh der Welt

Aufgabe 1)

Notiere zunächst die Frage, die du mathematisch untersuchen möchtest, gut lesbar in deinem Matheheft!

Aufgabe 2)

Beginne anschließend damit, deine Frage in Einzelarbeit mathematisch zu lösen!

Mathematik   **Klasse 7**

Gruppe: _____

Aufgabe 1)

Stellt euch gegenseitig eure Ideen **vor**!

Aufgabe 2)

Arbeitet gemeinsam an der Beantwortung der Frage! Wenn ihr eure Frage
beantwortet habt, **prüft** euer Ergebnis und **wählt** dann eine weitere Frage aus!

Aufgabe 3)

Beantwortet folgende Fragen mit jeweils 1-2 Sätzen!

Was haben wir bisher getan, um unsere Frage zu beantworten?

....
....
....
....
....
....

Wie wollen wir in der nächsten Stunde weiterarbeiten?

....
....
....
....
....

Welche Probleme gab es? oder Welchen Tipp können wir geben?

....
....
....
....
....